Je Suis La Terre

HOUSE OF LORE

REBECCA ET JAMES MCDONALD

Je Suis la Terre
Un livre sur la Journée de la Terre pour les Enfants

ISBN: : 978-1-950553-14-3
First House of Lore paperback edition, 2019
Visit us at www.HouseOfLore.net

Je suis la Terre.
Tu habites en moi.

À l'intérieur, je suis très chaude. À l'extérieur, j'ai la température idéale pour la vie.

Je voyage autour du Soleil et je te garde au chaud.

Quand je tourne, le jour se transforme en nuit et la nuit se transforme en jour.

Quand je m'éloigne du Soleil, il devient automne et hiver.

Quand je m'incline vers le Soleil, il devient printemps et été.

Le Soleil est si grand qu'il me tient ainsi que sept autres planètes, dans l'espace avec sa gravité.

Ensemble avec des lunes, des comètes, des astéroïdes et d'autres objets spatiaux, nous faisons un système solaire.

Tout comme le Soleil, j'ai la gravité! Ma gravité fait tourner la Lune autour de moi et te retient au sol.

La gravité empêche l’aire que tu respires et l’eau que tu bois de dériver dans l’espace. Sans la gravité, les choses flotteraient.

Quand tu me vois depuis l'espace, j'ai l'air bleu, vert, marron et blanc.

Le bleu est l'eau qui
me couvre.

Le vert et le marron sont les terres sur lesquelles tu vis.

Et le blanc vient des
nuages et de la neige.

Les nuages font tomber de l'eau sur la terre en dessous. Et quand il fait froid, les nuages font tomber des flocons de neige, époussetant tout blanc.

La pluie et la neige remplissent les lacs et les rivières, en donnant de l’eau à boire à tous les êtres vivants. Même la nourriture que tu manges est cultivée dans mon riche sol brun.

Je suis très unique, comme toi! J'ai tout ce qu'il faut pour te garder en santé et en sécurité, comme de l'air pur, de l'eau et de la nourriture.

Je ne suis pas ni trop chaude ni trop froide, et je te tiens près pour que tu ne t'envoles pas! Mais tu dois m'aider en me gardant en bonne santé et propre.

Parce que si je tombe malade, l'air tombe malade, et l'eau tombe malade, et le sol tombe malade, et ce n'est bon pour personne.

En ce moment, je suis la seule planète sur laquelle tu peux vivre. Si nous travaillons ensemble, nous pourrons me faire rester le meilleur endroit où vivre!

Voici certaines choses que tu peux faire pour aider la Terre à être le meilleur possible!

Recycle – Découvre ce qui peut être recyclé et commence à recycler.

Ne jette pas – Mets les ordures dans les poubelles.

Réutilise – Utilise des objets plus d'une fois si tu le peux, comme des sacs en papier et des pots en verre.

Économise l'énergie – Éteins les lumières quand tu n'en as pas besoin.

Ne gaspille pas de l'eau – Même s'il y a beaucoup d'eau sur la Terre, nous ne pouvons pas en boire qu'une petite quantité, alors ne la gaspillons pas!

Peux-tu penser à d'autres moyens d'aider la Terre à rester une maison heureuse et en bonne santé?

Et souviens-toi de le dire à toute ta famille et à tes amis pour qu'ils puissent aussi aider!

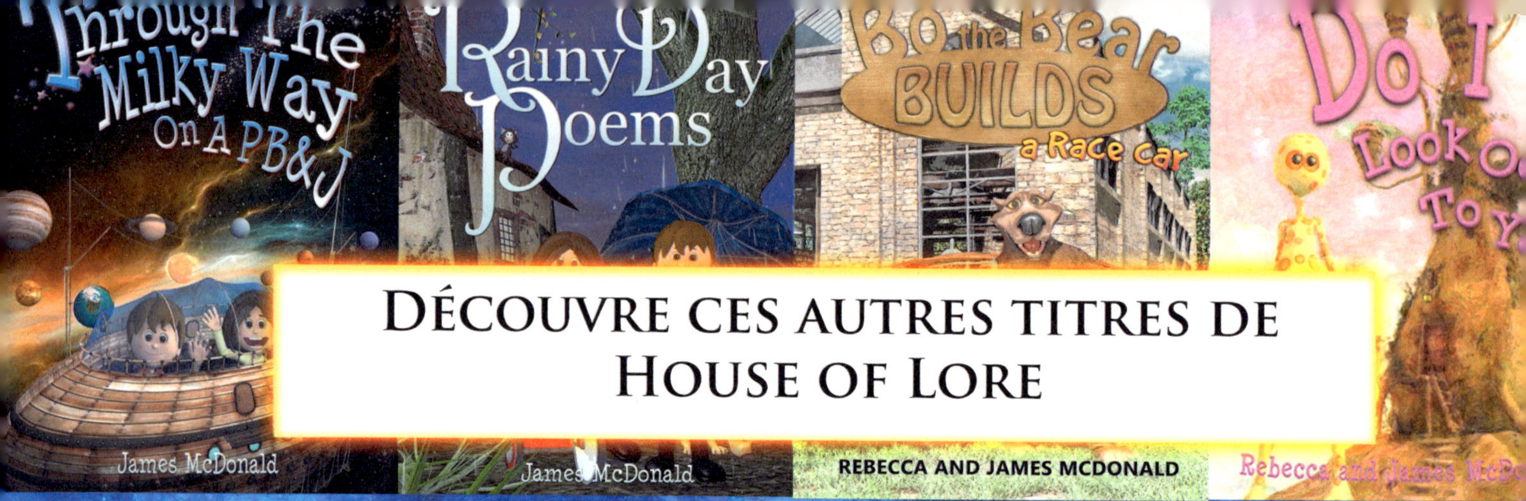

Découvre ces autres titres de House of Lore

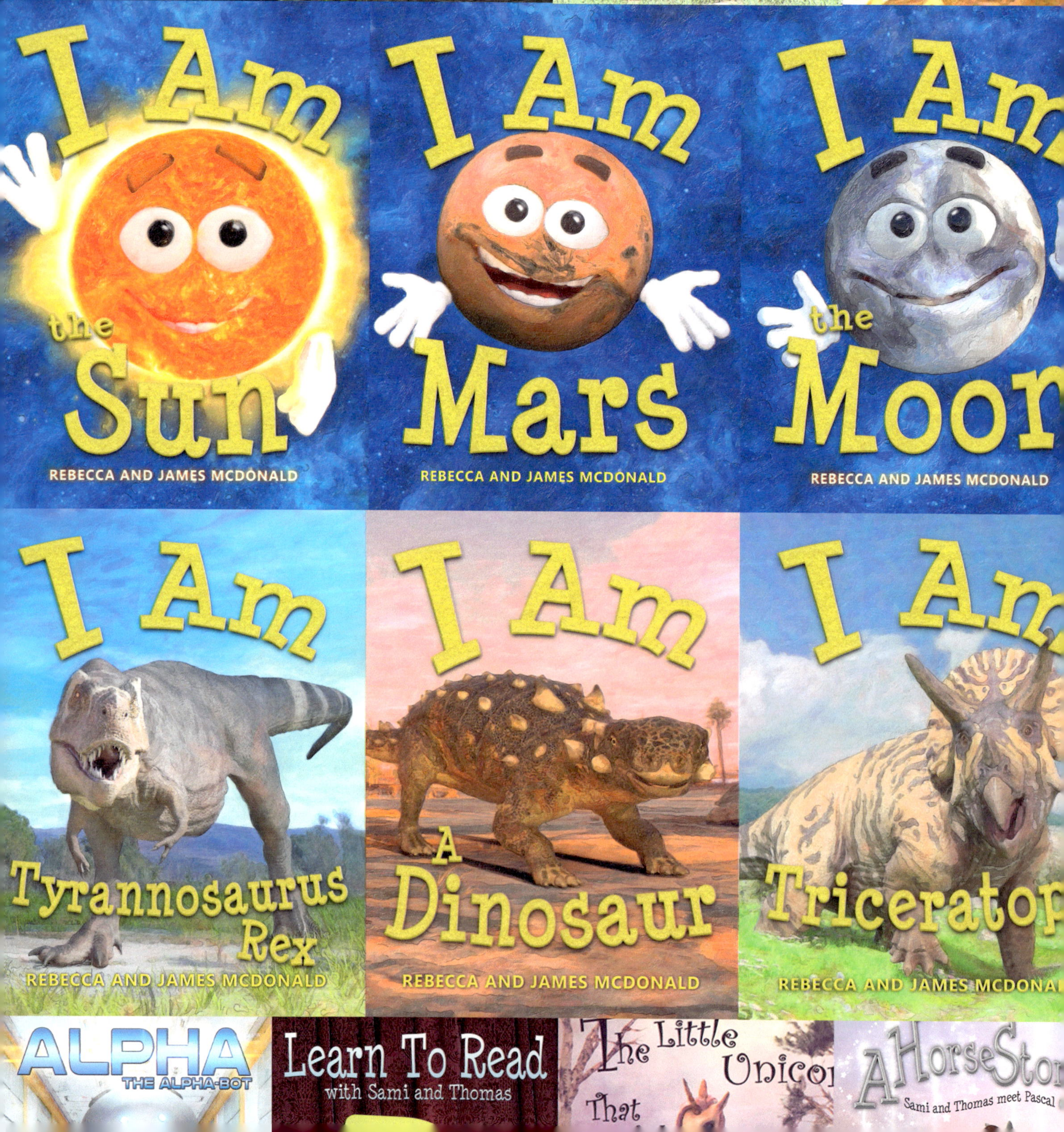

Made in the USA
Monee, IL
05 November 2026

67377441R00029